RECHERCHES

SUR

LA COMPOSITION DU CHARBON DE PEUPLIER

Dit DE BELLOC

———

Je soussigné, Antoine BÉCHAMP, professeur de Chimie médicale et de Pharmacie à la Faculté de Médecine de Montpellier, membre correspondant de l'Académie nationale de Médecine, etc., déclare m'être livré, sur la demande qui m'en a été faite par M. le docteur Belloc, à l'examen du charbon, dit *de Belloc*, qui est vendu sous ce nom pour l'usage interne, à l'effet de déterminer si ce charbon est fabriqué selon les règles qui ont été prescrites par l'auteur et qui se trouvent relatées, d'une part, dans le mémoire qu'il a présenté à l'Académie de Médecine, et, d'autre part, dans le rapport qui en a été fait à cette Compagnie savante par M. Patissier, au nom de la commission dont ce savant faisait partie avec MM. Dubois (d'Amiens), secrétaire perpétuel de l'Académie de Médecine, Récamier et Caventon.

Pour me mettre en état de résoudre le problème délicat dont la solution m'était proposée, j'ai attentivement lu, et le mémoire, et le rapport dont il a été l'objet.

Relativement à la préparation du charbon de Belloc, on lit dans le rapport de M. Patissier : « Une expérience de dix ans a démontré à M. Belloc que le charbon provenant du peuplier était préférable à tout autre. **Pour** préparer ce charbon, dit notre confrère, je me sers du peuplier, cet arbre dont la végétation si rapide fournit un bois très-blanc et très-léger ; je ne me sers pas du corps de l'arbre, parce que le charbon fait avec ce bois trop vieux irrite l'estomac. Je prends les pousses de trois ou quatre ans, très-vertes, qui n'ont jamais été émondées et dont l'écorce n'a pas souffert..... Je fais placer ces branches de peuplier coupées et dépouillées de leur enveloppe dans des vases en fonte bien clos, que l'on chauffe jusqu'au rouge blanc ; on en extrait un charbon léger, brillant, sans formation de cendres ; on le place dans des vases pleins d'eau pendant trois ou quatre jours, en ayant soin de changer l'eau plusieurs fois ; on le fait sécher, puis on le réduit en poudre avant qu'il soit parfaitement sec. »

M. Belloc ayant remis à l'Académie des flacons remplis de charbon préparé par lui, d'après le procédé indiqué, les savants commissaires ont dû s'assurer de sa pureté. Sous les yeux de M. Caventou, M. Poumarède, dans le laboratoire de l'Académie, a soumis ce charbon à divers essais.

Il a été constaté :

1° Que ce charbon n'a presque rien fourni à l'eau, à l'alcool, ni aux acides ;

2° Que sa composition était la suivante :

Humidité...............................	45,6
Carbone...............................	52,0
Cendres...............................	2,4
	100,0

M. Belloc avait dit de plus : « Il est nécessaire que Messieurs les Pharmaciens qui ont à préparer du charbon pour l'usage interne, suivent avec une minutieuse exactitude le mode que j'ai indiqué, et qu'ils veuillent bien s'en rapporter à mon expérience. »

Comme pour appuyer les recommandations de M. Belloc, le savant rapporteur de l'Académie de Médecine insiste sur les inconvénients qu'il y a à faire usage d'un charbon végétal d'une origine quelconque : « Votre rapporteur, dit-il, a essayé par comparaison, sur lui-même, le charbon préparé par M. Belloc et celui que l'on vend dans les pharmacies de Paris. Ce dernier a causé de la chaleur à la bouche et des pesanteurs à l'estomac ; le charbon de peuplier passe infiniment mieux. »

M. Belloc affirme, de son côté, que le charbon de peuplier fait avec le bois du tronc offre les inconvénients signalés par M. Patissier, et que des charbons vendus sous le cachet *Belloc* lui ont procuré, ainsi qu'à certains malades, de la chaleur à la bouche, des pesanteurs et de l'irritation à l'estomac, au lieu du bien-être qu'ils en attendaient.

Si étranges que paraissent de semblables affirmations, elles ne semblent pas moins réelles. Pourtant, le carbone, quelle que soit son origine végétale, est toujours substantiellement le même corps simple ; à plus forte raison quand il s'agit du charbon de la même espèce végétale. Les inconvénients signalés (et qui doivent être tenus pour vrais, car ils sont affirmés par des hommes aussi compétents qu'honorables), quand il s'agit de charbons de même densité et porosité, ne sauraient évidemment tenir au carbone lui-même, mais à quelque différence dans l'abondance relative des composés minéraux qui existent dans le végétal et qui restent sous une autre forme dans le charbon.

Or, les matières minérales du charbon de peuplier ne sauraient être autres que celles qui préexistent dans le bois et que l'on retrouve nécessairement sous une forme nouvelle dans les cendres. Or, dans celles-ci, il n'y a guère que le carbonate de potasse ou celui de soude que l'on puisse accuser des inconvénients indiqués plus haut. Il importait donc d'étudier comparativement le charbon de peuplier fait avec le bois du corps de l'arbre et celui préparé avec les branches ou pousses de trois ou quatre ans. C'est alors seulement que l'on pouvait raisonnablement s'attaquer à la solution du problème proposé.

Je me suis donc procuré du charbon de peuplier fait avec du bois de branches de trois ou quatre ans et avec du bois du tronc de l'arbre.

Pour rendre les résultats comparables, j'ai opéré de la façon suivante :

Le charbon était réduit en poudre fine, comme l'est celle des flacons de charbon de Belloc que l'on vend chez les pharmaciens dépositaires. La poudre était alors séchée complétement à la température de 120 à 150 degrés. Pour déterminer le poids des cendres, le charbon sec était inciнéré dans une capsule de platine au rouge sombre sur une lampe.

Le poids des cendres étant connu, on traitait celles-ci par l'eau bouillante et l'on filtrait. On obtenait ainsi une dissolution alcaline que l'on titrait alcalimétriquement, ce qui donnait les carbonates alcalins exprimés en carbonate de potasse.

Mais comme on pouvait objecter que le charbon de Belloc ne contient pas de cendres, il fallait montrer que des charbons des branches ou du tronc l'eau peut extraire les mêmes carbonates alcalins que l'on retrouve dans les cendres. Le charbon pulvérisé était donc mis à bouillir, pendant quelques minutes, avec de l'eau distillée ; après quoi on jetait sur un filtre lavé et y lessivait le charbon avec de l'eau distillée bouillante jusqu'à ce que, pour 100 grammes de charbon sec, on eût obtenu environ 600 centimètres cubes de liqueurs alcalines. Celles-ci étaient réduites à environ 20 cent. cubes par évaporation au bain de sable, dans une capsule de platine ; puis, après filtration, on dosait alcalimétriquement l'alcali. — Ce lavage n'est pas suffisant pour enlever tout ce qu'il y a de soluble dans le charbon ; mais comme il suffisait d'avoir des rapports, il suffisait aussi que le même poids de charbon fût traité par le même volume d'eau.

Pour le dosage alcalimétrique on a employé ou bien une dissolution d'acide sulfurique contenant 40 grammes d'acide sulfurique anhydre, c'est-à-dire un équivalent sur 1000 centimètres cubes, ou une dissolution décime, c'est-à-dire contenant 4 grammes d'acide sulfurique, c'està-dire $1|10°$ d'équivalent pour 1000 centimètres cubes. Chaque centimètre cube de la première dissolution saturait et par conséquent représentait 0 gr. 069 de carbonate de potasse ; chaque centimètre cube de la seconde représentait 0 gr. 0069 du même carbonate.

Pour opérer le dosage, la liqueur alcaline était colorée par une dissolution très-sensible et neutralisée de teinture de tournesol... Je n'ai pas à insister ici sur toutes les précautions qui ont été prises pour que la neutralisation fût exacte et les nombres obtenus rigoureux.

Cela posé, j'ai fait deux séries de déterminations : sur du charbon de peuplier préparé pour ces recherches, et sur le charbon de Belloc qui se vend en flacons avec son cachet, dans les pharmacies.

Analyses du charbon de Peuplier.

I. Charbon de branches de 3 a 4 ans.

Charbon pulvérisé....................	10,00
Perte à 120-150°....................	0,80
Charbon sec........................	9,20
Charbon à incinérer..................	9,20
Cendres...........................	0,27
Carbone...........................	8,93

Ce charbon est composé en centièmes :

Eau	8,00
Carbone...........................	89,30
Cendres...........................	2,70
	100,00

Cendres pour cent de charbon sec : 2,93.

Dosage alcalimétrique du carbonate de potasse des cendres.

0 gr. 27 de cendres, correspondants à 9,2 de charbon sec ont exigé :
Acide décime : 6^{cc}.

$6 \times 0,0069 = 0,0414$ de carbonate de potasse.
Carbonate de potasse pour cent de charbon sec : 0 gr. 45.

Dosage alcalimétrique du charbon lessivé.

100 gr. de charbon sec ont fourni une liqueur alcaline qui a exigé :
Acide décime : 32^{cc},2.

$32,2 \times 0,0069 = 0,222$ de carbonate de potasse.

II. Autre échantillon de charbon de jeunes branches.

100 gr. de charbon sec ont fourni une liqueur alcaline qui a exigé :

Acide décime : 31^{cc}.

31 × 0,0069 = 0,214 de carbonate de potasse.

III. Un autre échantillon de charbon de jeunes branches.

100 gr. de charbon sec lessivés, ont exigé :

Acide décime : 38^{cc}.

38 × 0,0069 = 0,262 de carbonate de potasse.

IV. Charbon de grosses branches et du tronc de peuplier

Charbon pulvérisé...................	10,00
Perte à 120-150°...................	0,92
Charbon sec......................	9,08
Charbon à incinérer................	9,08
Cendres........................	1,15
Carbone........................	7,93

Ce charbon est donc ainsi composé :

Eau...........................	9,2
Carbone.......................	79,3
Cendres........................	11,5
	100,0

Cendres pour cent de charbon sec : 12,66.

Dosage alcalimétrique du carbonate de potasse des cendres.

1 gr. 15 de cendres correspondants à 9,08 de charbon sec :

Acide décime : 42^{cc}.

42 × 0,0069 = 0,29 de carbonate de potasse.

Carbonate de potasse pour cent de charbon sec : 3 gr. 19.

Dosage alcalimétrique du charbon lessivé.

42 gr. 8 du même charbon sec lessivé ont exigé :

Acide titré : 14^{cc},1

14,1 × 0,069 = 0,973 de carbonate de potasse.

Carbonate de potase pour cent de charbon sec : 2 gr. 27.

V. Autre échantillon du même charbon.

Charbon séché à 120-150°...............	88,8
Cendres..............................	11,2
	100,0

Carbonate de potasse dans la partie soluble de ces cendres : 2 gr. 96, par évaporation.

Carbonate de potasse dans 100 gr. de ce charbon sec lessivé, déterminé par évaporation à siccité : 1 gr. 92.

Analyses de divers échantillons de charbon de Belloc.

I. Flacon de charbon de Belloc : en cachet intact.

Charbon pulvérisé....................	10,0
Perte à 120-150°.....................	4,0
Charbon sec.........................	6,0
Charbon à incinérer..................	6,00
Cendres.............................	0,34
Carbone.............................	5,66

En centièmes :

Eau................................	40,0
Carbone............................	56,6
Cendres	3,4
	100,0

Cendres pour cent de charbon sec : 5,66.

Dosage alcalimétrique du carbonate de potasse des cendres.

Cendres 0 gr. 34, correspondantes à 6 gr. de charbon sec, exigent :
Acide décime : $10^{cc},1$.

$10,1 \times 0,0069 = 0,07$ de carbonate de potasse.

Carbonate de potasse pour cent de charbon sec : 1 gr. 16.

Dosage alcalimétrique du charbon lessivé :

50 gr. de charbon sec ont fourni une liqueur alcaline qui a exigé :
Acide décime : $30^{cc},4$.

$30,4 \times 0,0069 = 0,21$ de carbonate de potasse.

Carbonate de potasse pour cent de charbon sec : 0 gr. 42.

II. FLACON DE CHARBON DE BELLOC : CACHET INTACT.

Charbon..........................	10,0
Perte à 120-150°.....................	4,6
Charbon sec........................	5,4
Charbon à incinérer.................	5,40
Cendres............................	0,21
Carbone...........................	5,19

En centièmes :

Eau...............................	46,0
Carbone...........................	51,9
Cendres...........................	2,1
	100,0

Cendres pour cent de charbon sec : 3,90.

Dosage alcalimétrique de ce charbon lessivé.

100 gr. de ce charbon non desséché ont exigé :
Acide décime : 24^{cc}.

$24 \times 0,0069 = 0,17$ de carbonate de potasse.

Carbonate de potasse pour cent de charbon sec : 0 gr 327.

III. Flacon de Belloc : cachet intact.

Charbon..........................	10,0
Perte à 120-150°..................	4,4
Charbon sec.......................	5,6
Charbon à incinérer...............	5,6
Cendres...........................	0,3
Carbone...........................	5,3

Cendres pour cent de charbon sec : 5 gr. 35.

En centièmes :

Eau..............................	44,0
Carbone..........................	53,0
Cendres..........................	3,0
	100,0-

Dosage alcalimétrique du charbon lessivé.

100 gr. de ce charbon lessivé ont exigé :

Acide décime : 28^{cc},

$28 \times 0{,}0069 = 0{,}1932$ de carbonate de potasse.

Carbonate de potasse pour cent de charbon. sec : 0 gr. 345.

IV. Flacon de charbon de Belloc : Cachet intact.

Charbon..........................	10,0
Perte à 120-150°..................	3,5
Charbon..........................	6,5
Charbon à incinérer..............	6,50
Cendres..........................	0,24
Carbone..........................	6,26

En centièmes :

Eau.............................	35,0
Carbone.........................	62,6
Cendres.........................	2,4
	100,0

Cendres pour cent de charbon sec : 3 gr. 7.

Dosage alcalimétrique du charbon lessivé.

100 gr. de ce charbon non séché ont exigé :

Acide décime : 25^{cc},2.

25,2 $\times$ 0,0069 = 0,174 de carbonate de potasse.

Carbonate de potasse pour cent de charbon sec : 0,27.

V. Charbon de Belloc : cachet intact.

80 gr. de charbon séché à 100° et lessivé ont exigé :

Acide décime : 18^{cc}.

18 $\times$ 0,0069 = 0,1242 de carbonate de potasse.

Carbonate de potasse pour cent de charbon sec : 0 gr. 16.

VI. Charbon de Belloc : cachet intact.

110 gr. de charbon séché à 120-150° ont exigé :

Acide décime : 84^{cc}.

84 $\times$ 0,0069 = 0,58 de carbonate de potasse.

Carbonate de potasse pour cent de charbon sec : 0 gr. 527.

Ce résultat a été vérifié.

40 gr. du même charbon, lessivé, ont exigé :

Acide décime : 31^{cc}.

31 $\times$ 0,0069 = 0,214 de carbonate de potasse.

Carbonate de potasse pour cent de charbon sec : 0 gr. 535.

VII. Charbon de Belloc : cachet intact.

80 gr. de charbon lessivé et sec ont exigé :

Acide décime : 42^{cc}.

42 $\times$ 0,0069 = 0,29 de carbonate de potasse.

Carbonate de potasse pour cent de charbon sec : 0 gr. 36.

VIII. Charbon de Belloc : cachet intact.

Charbon............................... 20,00

Perte à 120-150°...................... 7,55

Charbon sec.......................... 12,45

145 gr. de ce charbon humide, soit 90 gr. 63, ont été lessivés, etc. Ils ont exigé :

Acide titré normal : 6^{cc},3.

6,3 × 0,0069 = 0,435 de carbonate de potasse.

Carbonate de potasse pour cent de charbon sec : 0 gr. 48.

IX. CHARBON DE BELLOC : CACHET INTACT.

Charbon...........................	20,00
Perte à 120-150°.....................	8,00
Charbon sec.........................	12,00
Charbon à incinérer..................	12,00
Cendres............................	0,35
Carbone............................	11,65

En centièmes :

Eau..............................	40,00
Carbone...........................	58,25
Cendres...........................	1,75
	100,00

Cendres pour cent de charbon sec : 2,92.

Dosage alcalimétrique des cendres.

0 gr. 35 de cendres, correspondants à 12 gr. de charbon sec ont exigé :

Acide décime : 9^{cc}.

9 × 0,0069 = 0,0621 de carbonate de potasse.

Carbonate de potasse pour cent de charbon sec : 0 gr. 52.

Dosage alcalimétrique du charbon lessivé.

87 gr. de charbon sec, lessivé, ont exigé :

Acide décime : 53^{cc}.

53 × 0,0069 = 0,37 de carbonate de potasse.

Carbonate de potasse pour cent de charbon sec : 0,425.

X. Charbon de Belloc. Cachet intact.

Charbon...............................	10,0
Perte à 120-150°......................	3,9
Charbon sec...........................	6,1
Charbon à incinérer...................	6,10
Cendres...............................	0,25
Carbone...............................	5,85

En centièmes :

Eau...................................	39,0
Carbone...............................	58,5
Cendres...............................	2,5
	100,0

Cendres pour cent de charbon sec : 4 gr. 1.

Dosage alcalimétrique du carbonate de potasse des cendres.

0 gr. 25 de cendres correspondant à 6,1 de charbon sec, ont exigé :

Acide décime : 9^{cc}.

$$9 \times 0,0069 = 0,0621 \text{ de carbonate de potasse.}$$

Carbonate de potasse pour cent de charbon sec : 1 gr. 017.

Dosage alcalimétrique du charbon lessivé.

110 gr. de charbon non desséché, représentant 67,1 de charbon sec, ont exigé :

Acide décime : 66^{cc}.

$$66 \times 0,0069 = 0,4554 \text{ de carbonate de potasse.}$$

Carbonate de potasse pour cent de charbon sec : 0 gr. 678.

Le tableau suivant donne la quantité de cendres, la quantité de carbonate de potasse qu'elles contiennent, et la quantité de carbonate de potasse enlevée par l'eau, le tout rapporté à 100 gram. de charbon séché de 120 à 150 degrés.

	Cendres.	Carbonate de potasse dans cendres.	Carbonate de potasse dans charbons.
I. Charbon de jeunes poussès.....	2,93	0,45	0,222
II. *Id.*	»	»	0,214
III. *Id.*	»	»	0,262
IV. Charbon du tronc...........	12,66	3,19	2,270
V. *Id.*	11,20	2,96	1,920
I. Charbon de Belloc..........	5,66	1,16	0,420
II. *Id.*	3,90	»	0,327
III. *Id.*	5,35	»	0,345
IV. *Id.*	3,70	»	0,270
V. *Id.* ,..........	»	»	0,160
VI. *Id.*	»	»	{0,527 / 0,535
VII. *Id.*	»	»	0,360
VIII. *Id.*	»	»	0,480
IX. *Id.*	2,92	0,52	0,425
X. *Id.*	4,10	1,02	0,678

Ces analyses et ce tableau, qui les résume, nous montrent que, sur dix échantillons pris au hasard dans le courant de l'année 1871, deux ou trois seulement paraissent satisfaire à la lettre des prescriptions de M. Belloc ; ce sont les échantillons des expériences IV et V et tout au plus IX. Dans tous les autres, il y a à la fois plus de cendres et généralement plus du double de carbonate de potasse, soit dans les cendres, soit dans le produit de la lixiviation du charbon.

Quelle conclusion est-il permis d'en tirer? Ma conviction est que ces résultats ne s'expliquent que si l'on admet que, dans l'usine, on carbonise non-seulement de trop grosses branches, mais des mélanges de jeunes branches avec le bois du tronc.

Il est enfin une question qui me paraît devoir être soulevée. En consultant les documents qui ont été mis à ma disposition, il est évident que l'une des prescriptions du rapport de l'Académie et du mémoire de

M. Belloc n'est pas remplie, savoir : le lavage du charbon. D'après l'un de ces documents, le charbon est pulvérisé sans avoir été lavé à l'eau. Or, ce lavage amènerait naturellement un changement dans la nature des cendres. Et comme le charbon des flacons contient en moyenne 40 pour 100 d'eau, il paraît évident que l'on se borne à mouiller la poudre, après que le charbon a été pulvérisé.

Il importait de s'assurer s'il était indifférent de mouiller le charbon ou de le laver. J'ai donc, me conformant aux prescriptions du rapport fait à l'Académie de Médecine, laissé séjourner du charbon de peuplier (le même qui avait servi aux précédentes expériences préliminaires), pendant quatre jours dans de l'eau ordinaire ; l'eau était changée deux fois par jour. Le charbon lavé a ensuite été séché à l'étuve, pulvérisé, exposé à 120-150° jusqu'à dessiccation complète et incinéré. Les cendres pesées ont été traitées comme il a été dit plus haut, pour doser le carbonate de potasse.

Charbon des branches.

Charbon sec........................... 9,800
Cendres.............................. 0,325
Carbone.............................. 9,475
Cendres pour cent de charbon sec : 3,316.

Dosage alcalimétrique.

0 gr. 325 de cendres, correspondant à 9,8 de charbon sec, ont exigé :
Acide décime : 4cc.

$$4 \times 0,0069 = 0,0276 \text{ de carbonate de potasse.}$$

Carbonate de potasse pour cent de charbon sec : 0 gr. 28.

Charbon du tronc.

Charbon sec.......................... 12,5
Cendres.............................. 1,6
Carbone.............................. 10,9
Cendres pour cent de charbon sec : 12,8.

Dosage alcalimétrique.

1,6 de cendres, correspondant à 12,5 de charbon sec, ont exigé :
Acide titré : $2^{cc},2$.

$2,2 \times 0,069 = 0,1518$ de carbonate de potasse.

Carbonate de potasse pour cent de charbon sec : 1 gr. 214.

Le lavage fait avec l'eau de Montpellier a donc pour effet de diminuer de près de moitié la quantité de potasse ou de carbonate alcalin soluble dans les cendres du charbon et, par suite, dans le charbon lui-même. Sans doute, il en serait de même si le lavage s'opérait avec une autre eau potable. Le lavage recommandé a donc pour effet de rendre moins irritant le charbon qui est destiné à être ingéré ; et c'est à tort que l'on paraît négliger totalement une des recommandations de M. Belloc.

A. BÉCHAMP.

Le 1er janvier 1872.

Montpellier. — Typographie de Pierre GROLLIER, rue du Bayle, 10.